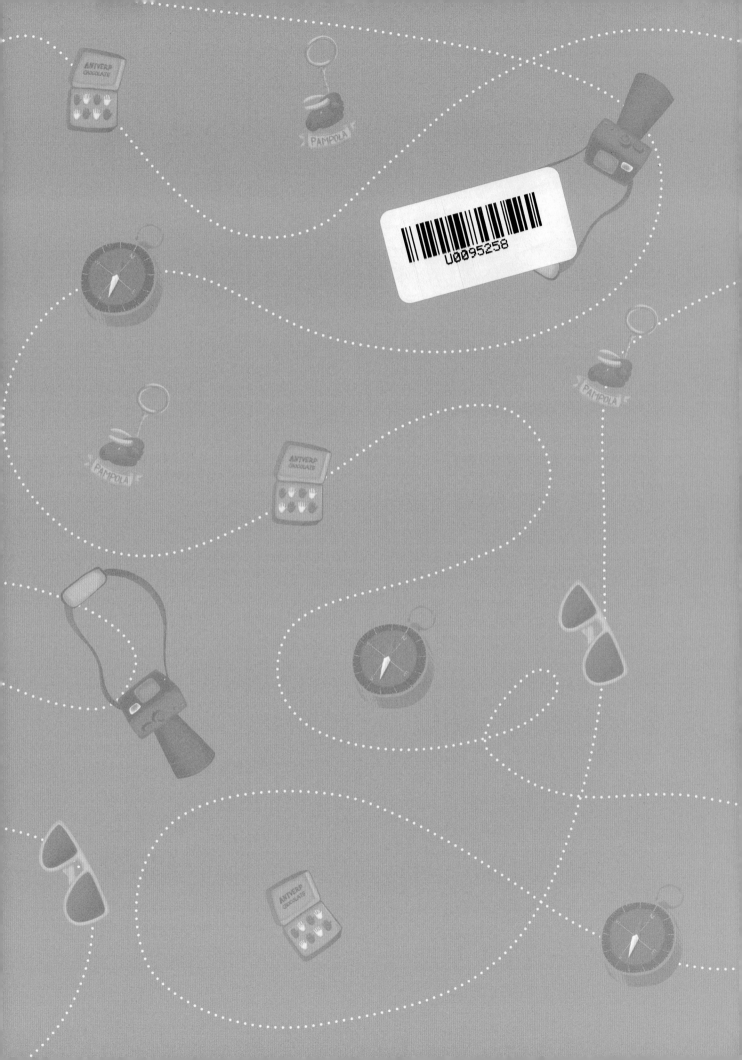

THE STORIES OF TOWNS & CITIES

美的旅程 3

［捷］斯捷潘卡·塞卡尼诺娃　著

［捷］雅各布·森格　绘

刘勇军　译

一起去看看
非凡的城镇！

广西科学技术出版社

咩！我想去城里

我想去看看这个世界！我想……

"咩！咩！咩！这地方真是小得可怜，一点意思也没有！"他唠唠叨叨，从白天一直抱怨到了晚上。什么？你问他是谁？他就是山羊彼得。他在农场里生活，但他住在这儿一点也不开心。毕竟，一辈子都被圈在农场的栅栏里，还怎么体验生活呢？所以呀，他整天除了抱怨还是抱怨，农场里的其他动物都恨不得离他远远的。

忠实的听众

不过，山羊彼得有一个忠实的小听众——小母鸡克拉拉。每一次，彼得滔滔不绝地说起外面的世界有多么广阔、多么精彩，她总是张大嘴，听得津津有味……彼得喜欢给她讲世界各个城镇的故事，还有这些城镇里老百姓有滋有味的生活。"克拉拉，你要知道，和农场比起来，城市可一点都不一样！城里有高楼大厦、宽阔大道，还有各种各样的商店……"

广场

什么是城镇

城市和集镇，是比乡村大得多的地方，居民也要多得多。农村地区的居民主要从事农业生产，但城镇的居民往往在工商、金融等行业工作。城镇里不仅有各种教育和文化机构，还有适合体育运动的场地！

每一座城镇都有自己的故事

早在公元前，世界上就出现了城镇。比如美索不达米亚文明就拥有巴比伦、乌尔这样值得称道的城市。中世纪早期，城镇发展迎来了高峰，世界各地的人们建立起无数城市，这股潮流一直持续到中世纪鼎盛时期。

你了解这些主要的城镇吗

王城——由国王建立并统治的城镇；

矿镇——在开采贵重金属的地方建立的城镇；

庄园城镇——贵族在他们的领地上建立的城镇；

教会城市——大主教所在的城市。

上路啦……

彼得滔滔不绝地讲着，克拉拉着迷地听着。傍晚来临时，她对他说："看来你在农场已经待不住了，不如我们收拾行李，一起去看看世界各地的城镇吧。"说走就走，一只羊和一只鸡背起行囊出发啦！

书里有什么

你想和我们一起去吗？

米兰大教堂

米兰！
梦幻之城！

世界上规模最大的 哥特式教堂

克拉拉开开心心地去逛街买东西了，彼得利用这段时间去参观了世界上规模最大的哥特式教堂——米兰大教堂。人们花了 400 多年时间才把它造好，难怪它如此巨大。在建造过程中，文艺复兴风格和巴洛克风格逐渐流行，然而教堂的建造者始终坚持最初的哥特式风格。米兰大教堂的中央尖塔有 103 米高，周围还有 98 座小尖塔，它们像一根根手指一样，骄傲地指向天空。教堂的大厅里有一个"太阳钟"，与日晷的作用相同，几百年来默默地记录着时间的流逝。

米兰
意大利

彼得径直往前走，克拉拉则舒舒服服地待在他背上，时不时还扑扇两下翅膀整理羽毛。她高昂着头，方便自己欣赏沿途的风景。"嘿，彼得。"过了一会儿，她咯咯地说，"我们能去逛逛时装店吗？你看，哪个女孩不喜欢漂亮衣服呢？"彼得是一只大方的山羊，听完这话，他就转身改变路线，大步直奔时尚之城米兰。克拉拉肯定爱死那儿了！

购物中心

既然克拉拉这么想购物，彼得决定带她去埃马努埃莱二世长廊，这条商业长廊从 19 世纪起就一直为大教堂广场增光添彩。长廊里有 1200 多间商店、咖啡馆、餐厅、公寓和办公室，头上是玻璃穹顶，即使是最挑剔的顾客，到了这里也会非常满意。这里是意大利著名的购物中心，同时也是意大利第一座屋顶由铁和玻璃制成的建筑。

金光闪闪的"黄金四边形"

克拉拉什么也没买，两手空空地离开了"黄金四边形"——由纵横交错的街道构成的专属购物区。商店橱窗里陈列着的顶级奢侈品让克拉拉双眼直放金光，但她拿出所有积蓄都买不起。还好，好心的山羊彼得为了让她开心些，带她去了维多利亚大街。在这儿，小母鸡克拉拉买了几大包漂亮衣服，他们两个还用剩下的钱饱餐了一顿。

在斯卡拉歌剧院唱歌

来到米兰，千万不能错过斯卡拉歌剧院。也许世界上每一位歌剧演员都希望自己能在这里一展歌喉，因为只有最出色的歌剧演员才有资格站在这个舞台上。对观众来说，在斯卡拉歌剧院欣赏歌剧也是很棒的体验，但不仅仅是音乐上的体验。在充满金色和红色的豪华观众席内，你会感觉自己仿佛进入了一个童话世界。歌剧院共有 6 层座席，由一个巨大的吊灯照亮，吊灯上有 300 多盏小灯。这座巨大的剧院可容纳约 3000 名观众和约 400 名演员。真是震撼！

达·芬奇是谁

"这是谁？"克拉拉指着斯卡拉歌剧院前的一座雕像问彼得。"那是文艺复兴时期著名的画家和科学家，达·芬奇。"山羊摇着头回答，对小母鸡的知识匮乏感到很无奈。让我们把目光移到圣玛利亚感恩教堂，在这儿你能看到达·芬奇的著名壁画作品《最后的晚餐》。15 世纪时，达·芬奇曾在米兰居住过一段时间，所以这些壁画和雕像才会出现在这里。

达·芬奇

LEONARDO

接下来去哪儿？

再见，米兰！

天渐渐黑了，我们的两个小旅行家也准备离开时尚之都，虽然他们只看了米兰的冰山一角而已。你看，事情总是这样，旅途漫漫，世界似乎没有尽头，我们却没有那么多时间看清世界的每个角落。

汉堡

德国

山羊彼得继续前行，克拉拉依然舒服地待在他背上。开始天气很热，没多久就变冷了，后来还下起了雨。"啊，下雨了。"小母鸡一边说，一边张开一只翅膀挡住了脑袋。"正好能让我们打起精神来。"彼得咩咩地说，脚下也加快了速度。远处突然传来一个声音，山羊彼得猛地跑了起来。"亲爱的克拉拉，我们到德国汉堡了，也就是人们口中的'德国通往世界的大门'。"

数数有多少座桥

汉堡是一个重要的港口，整个城市都被水环抱着。城中心是美丽的内阿尔斯特湖，这个蓝色的湖泊是由流经城市的一条河分流出来的水汇聚形成的，这条河流也叫作"阿尔斯特"。这里简直是游艇和皮划艇的天堂，当地人对此十分自豪。哪里有水，哪里就有桥，所以汉堡城里有非常多的桥——约2500座，这个数量在世界上也是数一数二的。

在汉堡野餐

小心自行车

叮叮叮！听见身后传来的铃声，山羊彼得和母鸡克拉拉及时跳开，让开了路。汉堡的陆地也十分美丽，特别是对爱骑自行车的人来说。街道上的自行车道纵横交错，这里的人们充分地利用了它们。汉堡城里到处是骑自行车的人，他们骑车的速度非常快。他们借骑自行车把快乐和实用结合了起来：在伸展肌肉的同时，也保护了环境。

自行车道

青青草地

汉堡有很多漂亮的建筑，包括现代和历史建筑，但它真正的美丽之处在于随处可见的蓝色和绿色。城市里不仅有大片的水域，还有很多公园、森林和自然保护区。汉堡被称为欧洲生态最佳的城市，这可不是空穴来风。所以，克拉拉和彼得在这里才会有种比在家还舒服的感觉。

通往世界的大门

克拉拉惊讶地看了看四周。"通往世界的大门？"她咯咯地说，"可我只看到了很多船啊！"她说得没错。大型货船、商船和豪华船只在海浪中轻轻摇晃，有的正准备出海，有的正进港停泊。汉堡是德国最大的海港，无数货物从这里出口到世界各地。山羊彼得从小就有一个梦想，那就是穿一穿水手服，他觉得那可太酷了。现在既然来到了德国第一大港……

汉堡南美船运公司

一股鱼腥味

"卖鱼，卖鱼，新鲜的鱼！"每天早上，在汉堡的阿尔托纳鱼市里，这种叫卖声此起彼伏，一刻不停。这里曾经是汉堡附近的一个港口城镇，从 18 世纪开始，一代又一代的商人和渔民就在这里兜售货物。山羊彼得起了个大早，到集市上转了转。可惜彼得不吃鱼，要不然他肯定会尝尝市场上的一种叫"鱼肉三明治"的特色菜——一种面包夹新鲜鱼肉的美味。

看不完的风景

彼得逛鱼市的时候，克拉拉在看风景。她先去参观了巴洛克风格的圣迈克尔教堂；接着去欣赏了宏伟壮观的新文艺复兴时期的市政厅和塔楼；还去看了形状奇特但非常漂亮的"智利屋"，这可是 20 世纪20 年代建筑界的一颗璀璨明珠。

多美的城市啊！真想住在这儿！

！ 汉堡大学诞生了 6 位诺贝尔奖得主，也是德国顶尖大学联盟"U15"中的一员，并在 2019 年 7 月入选德国精英大学联盟。

利物浦

英国

　　山羊彼得打小就喜欢音乐。他自己虽然不会唱歌，但就算只是简单的小调，他也听得津津有味。每当有美妙的音乐入耳，彼得就会陶醉得仿佛置身仙境一般。他一定要去英格兰西部城市利物浦，原因有很多，其中之一就是音乐。要知道，那里有著名乐队披头士！

你需要的只是爱

　　山羊彼得正和传奇乐队披头士的成员们合影，《你需要的只是爱》这首歌的旋律一刻也不停地在他的耳边回响着。其实啊，彼得只不过是在和几座真人大小的雕像合影而已。雕像在利物浦的默西河畔，这条河也经常出现在披头士乐队的歌词里。披头士乐队于 1957—1960 年间在利物浦逐步成立，他们也被称作甲壳虫乐队。1961 年，他们在马修大街的洞穴俱乐部举行了自己的第一场演唱会。

保罗·麦卡特尼

林戈·斯塔尔

乔治·哈里森

雕像和艺术

　　披头士乐队成员的雕像可不是利物浦街道上唯一的雕塑作品。利物浦这座城市十分欢迎年轻艺术家。艺术家们不仅能在室内办展演出，在露天的街头巷尾也时常能看到他们的作品。克拉拉非常喜欢这座超大的黄色香蕉羊雕像，它让她想起了家，想起了家乡的农场。但她可不愿意承认自己想家了。

片刻的安宁

远离繁忙的城市街道，远离现代艺术和涂鸦墙，远离咖啡厅、职场和快节奏的城市生活，在绿树环抱的利物浦，你可以好好休息一番。伯肯海德公园建造于 19 世纪上半叶，始终敞开怀抱欢迎疲倦的游客。公园里的草鲜美多汁，对彼得来说真是一顿美餐。不过，如果他知道自己是在世界上第一座城市公园里吃草，没准他会尴尬得脸红呢。

简直是人间仙境！

永不过时的码头

看着眼前一栋栋又大又奇怪的维多利亚时代港口建筑，克拉拉惊奇不已。这些用铸铁、石头和砖砌成的巨大建筑群被称为阿尔伯特码头，是人们首次使用耐火材料建造的码头。建筑物中的那些红色立柱不仅是一种装饰，水手还可以用它们来系泊船只。如今，这些建筑里是豪华公寓、咖啡馆、小商店、办公室、画廊、博物馆等，其中当然少不了披头士博物馆。

约翰·列侬

披头士专卖店

作为一名披头士乐队"铁粉"，彼得可没忘了去马修街的披头士专卖店里瞧瞧。在这家店里，披头士乐队的周边产品应有尽有。不过呢，山羊彼得只要有张海报就心满意足了。

告别利物浦

利物浦是仅次于伦敦的英国第二大海港城市。在利物浦的港口，每天可以看到很多富有的游客乘坐豪华客轮横渡大洋。在这座重要的港口城市里，看到海事博物馆大型展览也就不足为奇了。你还可以看到 3 栋有着"美惠三女神"之称的美丽港口建筑。白星航运公司曾经就在利物浦，号称"永不沉没"的泰坦尼克号轮船就属于这家公司。

和披头士乐队一同散步！

马修街 31 号

太棒了！约翰·列侬的亲笔签名！

披头士乐队

！利物浦的默西河清澈美丽，默西港更是风景如画。这座美丽的海上城市被联合国教科文组织列入了世界遗产名录。

瓦莱塔

马耳他

这么说，我们得爬上去？

狂风大作，大雨倾盆。"彼得，你看我都成落汤鸡了！"克拉拉呜咽着说，"我们别再往前走了，去个阳光明媚的地方吧，我好把羽毛弄干，这样我的脸色也会好看一点。""阳光明媚的地方……那好！"彼得说着，突然改变了方向。马耳他首都瓦莱塔对克拉拉有好处，因为它位于欧洲阳光最充足的地区之一。彼得和克拉拉铆足了劲，朝着马耳他岛全速进发！

小首都

一听到"首都"这个词，人们马上就会想到一条条一眼望不到头的宽阔大道、一栋栋高楼大厦，城市里人来人往、熙熙攘攘。克拉拉脑海里想象的都市就是这么繁华。瓦莱塔的确也很繁华，但比起世界上其他首都，还是要稍逊一筹。不过这也很正常，毕竟瓦莱塔是著名的小面积首都。但有些事物虽然小，却既可爱又美丽，瓦莱塔就是个很好的证明。

被坚固的城墙保护

猜猜看，人们在瓦莱塔建造的第一栋建筑是什么？答案是城墙！筑城先筑墙倒是很少见，不过，这么做不算奇怪。1566 年，这座城市是作为一座军事要塞修建的，它的名字来源于一位名叫瓦莱特的圣约翰骑士团团长。

童话里开出的船

彼得和克拉拉在瓦莱塔的格兰德港登上一艘五颜六色的小船，朝着大陆的方向驶去。自古腓尼基时代以来，这些小船在外观上就一直没什么变化。过去，大船上的水手们划着这种小船上岸，渔民们也乘着它们捕鱼。要说这些小船现在和过去有什么不同，最大的区别就在于现在靠马达驱动，而从前靠人力划桨。

你好，请问是哪位

"我是不是在做梦？我现在是在伦敦还是瓦莱塔？"当路过瓦莱塔街头一个典型的英式电话亭时，彼得一下子有点蒙了，摸着下巴思索起来。"你当然是在瓦莱塔，彼得。"克拉拉对彼得说，"原因很简单，马耳他和它的首都瓦莱塔曾经处于英国的统治下，你现在看到的红色电话亭在那时就已经有了。"

嘿，这里是伦敦吗？

圣约翰骑士团团长瓦莱特有法国血统，他曾率队与土耳其军队激战，也曾领导马耳他抵御奥斯曼帝国的侵犯，在战斗中立下了赫赫战功，因此声名鹊起。

依计划行事

整个城市的筑造是从城墙开始的，根据规划准确进行。街道纵横交织在一起，像棋盘一样。房子按照计划整齐地排成一条直线，而不能单独突出到街上。每栋建筑都有独特的彩色阳台，它们能为屋主提供更好的视野。瓦莱塔市内大多数街道是由石头铺成的，十分凉爽，让彼得可以暂时避一避马耳他的炎炎烈日。

巴洛克之美

瓦莱塔也有很多美丽的巴洛克式建筑，这些建筑见证了这座城市曾经的辉煌。彼得打定主意要去瓦莱塔的圣约翰联合大教堂瞧瞧。这座教堂由8个相邻的小礼拜堂组成，内部富丽堂皇。克拉拉也没忘了去逛美轮美奂的马耳他总统府，这里曾是圣约翰骑士团团长的住所。

巴洛克风格的瓦莱塔建筑

我和巴洛克建筑。

雅库茨克

俄罗斯

我们的两个小小旅行者为了探索更多城镇，一如既往地踏上了环游世界的征途。跨过大洲，游过河流，横渡狂风暴雨的海洋，经历了严寒和酷暑，彼得和克拉拉终于来到了这里。前方正等着他们的是一群天生强壮而不惧寒冷的人。可怜的小旅行者，他们还不知道呢，远方若隐若现的冰雪之城，正是世界上最寒冷的地方之一！欢迎来到西伯利亚的雅库茨克！可别忘了带件暖和的皮袄！

引擎怎么一直响

冬天，雅库茨克的平均温度能低到零下40摄氏度。当地人会让他们的汽车发动机一直运转着。要是发动机熄了火，那就得等到明年春天暖和的时候才能把车开动了。当地人已经习以为常了，克拉拉和彼得却打心底里觉得，雅库茨克的冬天冷得真没法忍受。零下40摄氏度可不是闹着玩儿的！在雅库茨克，没有几件暖和的毛皮大衣、帽子和手套，是活不下去的。但就算穿戴上这些，即使是雅库茨克最不怕冷的人，在室外待不到20分钟也得跑去找火炉取暖。

我很暖和……
我很暖和……

悬浮的房子

雅库茨克建立在永久冻土层上，只有表面一层活动土层夏天会融化。因此，当地所有的房屋都建在深深嵌入土层下的结实桩子上。无论是俄罗斯沙皇时期唯美的原始木建筑，还是现代公寓楼房，都是以这种方式建造的。

集市

在这座极寒之城，居民平时以肉为主要食物。肉能提供足够的能量为身体保暖。雅库茨克的确很冷，但冷也有冷的好处，比如这里的人在冬天根本就用不着冰箱或冷冻机。雅库茨克室外温度太低了，把食物放在阳台就有和放在冰箱里一样的效果了。克拉拉和彼得在逛一个食品集市。"彼得，快看！"克拉拉突然拽着彼得的尾巴说，"地上那些白色的方块是什么？"是冻成块的牛奶！

来买牛奶啊，新鲜的冻牛奶……

城市的历史

17 世纪，雅库茨克还只是勒拿河畔一个大约只有 300 名住户的普通小镇。而现在，雅库茨克已经发展成一个拥有约 30 万居民的城市。想读书的人不用再背井离乡，雅库茨克就有自己的大学；对史前生物感兴趣的人，可以去参观雅库茨克的猛犸博物馆。

！ 雅库茨克冬季的温度有时能降到零下 70 摄氏度，简直难以置信。

博物馆里的猛犸

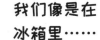

我们像是在冰箱里……

再见了，雅库茨克

暴风雪一场接着一场，厚厚的积雪掩埋了道路，雾浓得像牛奶一样。也许只有最坚强的人才能忍受如此极端的天气。尽管雅库茨克夏天的温度可以达到 35 摄氏度，但这也没什么用，只有短短 40 来天的夏季改变不了雅库茨克残酷的生存环境。彼得想了想，觉得还是尽早离开为妙。

13

松博特海伊

匈牙利

两个旅行者时而步行，时而飞行，有时还会在大海上航行。他们就这样不断地走啊走，一路上游览了越来越多的大城市和小城镇。山羊彼得忙着赶路，克拉拉则好奇地环顾四周。沿途的景色逐渐有了变化。现在，他们即将踏上一条历史上名为"琥珀之路"的古老贸易路线。这条路起始于波罗的海，一直延伸到了捷克和匈牙利等地。而彼得和克拉拉正赶往的是匈牙利最古老的城市松博特海伊。

定期集市

克拉拉念这个城市的名字时直磕巴。这个名字很容易念错。其实，这个名字的意思是"周六市场"，在中世纪时，这里每周六都会定期组织集市。

> 牛奶当然很新鲜啦。

历史悠久

松博特海伊的历史可以追溯到很久很久以前。公元 1 世纪，罗马皇帝克劳狄乌斯建造了这座城市。松博特海伊建在著名的"琥珀之路"上，许多稀有的琥珀经由这条路以非常实惠的价格卖给罗马人。那时候，松博特海伊还不叫松博特海伊，而是叫萨瓦里亚。

**罗马皇帝
克劳狄乌斯**

谁守护着这里？圣马丁

圣马丁是松博特海伊的守护神，传说他于公元 316 年在这里出生。在圣马丁节，露天的民俗博物馆里会组织一场大型的中世纪手工艺品集市，和一场能品尝到美味烤鹅与时令新酒的圣马丁节盛大宴席。当然，这座城市还有一座圣马丁教堂。

废墟花园

在松博特海伊的废墟花园中，古老的历史留存了下来。见到 2 世纪供奉埃及女神伊希斯的神庙的废墟那一刻，彼得觉得自己仿佛回到了过去。克拉拉则欣赏着眼前古代雕像的碎片和古代宫殿马赛克装饰画的残迹。两位冒险家在这条古老的"琥珀之路"上才走了 50 米，就开心得不得了了。

中心广场

古城松博特海伊的中心广场的历史可以追溯到 13 世纪，它是一个奇特的三角形。还有一个特别之处是，中心广场以前并不在市中心，而是在城市外围，也就是在城墙的外面。随着时间推移，它渐渐成为很多活动的中心场所，也逐渐成为一个重要的精神和文化中心。

中部森林

松博特海伊有的不只是悠久的历史，它还有一个非同寻常的植物园：卡摩尼植物园。彼得欣赏着这里茂盛的常绿灌木和针叶树，而克拉拉则目不转睛地盯着那些盛开的杜鹃、木兰和一些美丽的百年老树。他们已经走了 5 千米，却还没有走到植物园的尽头。植物园真的太大了！不过他们可以在市中心一片宁静的湖畔休息一番，也是一件很欣慰的事。

再见了，松博特海伊！

历史的胜利

尽管松博特海伊遍地是巴洛克建筑和新古典主义建筑，但当地人最骄傲的还是城市悠久的历史。所以，即使是今天，他们仍保留着古萨瓦里亚军团，军团成员都是松博特海伊当地人。士兵们穿着古罗马服装，装备着古代武器的复制品，无论在什么场合都能看见他们的身影。

特罗姆瑟

挪威

罗阿尔·阿
蒙森

弗里乔夫·南

山羊彼得的步伐和着克拉拉口中的小曲，一步一步有节奏地迈出，这使两个小小旅行者旅途中的时间过得更轻松些。这次，他们的目的地是遥远的北方。"我们这是在哪儿？"克拉拉大声叫道，一脸无助地看了看周围一片陌生的景象。"我感觉，我们好像已经踏进北极圈了，如果真是这样的话，我们就去看看挪威的特罗姆瑟小镇吧，那可是北极的一颗宝珠。"

无与伦比的美丽

无论是科学家还是游客，来到特罗姆瑟都想一睹北极光的魅力。极光，众所周知，是一种非常壮丽的景象，也是特罗姆瑟最有名的风景。极光是由太阳发出的高速带电粒子和空气中的分子或原子作用，在天空中产生的美丽光芒，最常见的色彩是黄绿色和红色。为了在最好的条件下观察北极光，当地大学还建造了一座专门的天文馆来研究北极光。

北方巴黎

特罗姆瑟有时被称为"北方巴黎"，有时被称作"北极之门"。这座城市坐落在岛屿之上，与挪威大陆由一座高高的拱桥相连。自19世纪20年代以来，特罗姆瑟一直是通往北冰洋的重要海港。著名的探险家阿蒙森和南森曾从这里出发去极地。

北极大教堂

是教堂还是冰山

哇，多么奇妙的一栋建筑啊！还是说，它其实是特罗姆瑟中部的一座大冰山？克拉拉十分好奇。其实，他们现在看到的是一座教区礼拜堂，当地人称"北极大教堂"。这座建于1965年的混凝土建筑，独特的造型和尖角看起来像一座冰山。大教堂的玻璃窗会产生非常有趣的光照效果，仿佛在提醒人们多留心当地的美丽极光。

去看植物还是动物

在决定下一站去哪里时，彼得和克拉拉吵了一架。结果克拉拉去了当地的植物园，欣赏着来自世界各地的北极、南极和高寒地带特有的植物；而彼得则去了水族馆，因为他对海象、海豹和一众北极水生生物更感兴趣。

这儿有美味的鱼呢！

在午夜阳光下奔跑

冬天，人们在特罗姆瑟观察北极光；而夏天，这里会有一段时间的极昼，一天 24 小时阳光普照。爱好运动的挪威人喜欢晒太阳，在夏至时会开展著名的"午夜阳光马拉松"。

我赢定了！

! 特罗姆瑟"三最"：最靠北的大学、最靠北的植物园和最靠北的酿酒厂。

木房子

北方有很多森林，人们一直都喜爱用木头造建筑，"北方巴黎"自然也不例外。值得骄傲的是，这里有许多保存完好的木教堂，特罗姆瑟大教堂尤其美丽。

告别

在著名探险家阿蒙森出发的港口，彼得和克拉拉登上一艘船，继续他们探索城镇的旅行。克拉拉裹紧她的正宗挪威毛衣，希望下次能去一个稍微暖和一点的地方。

亚兹德

伊朗

它是怎么起作用的？

山羊彼得和母鸡克拉拉继续在世界环游。这天，他们被沙漠的酷热吓了一大跳。"我们迷路了！"克拉拉惊慌地尖叫着，拼命地到处寻找地图，但怎么也找不到，"我们绝对迷路了，在这无情的沙漠里根本没有城市！"彼得连忙向她保证沙漠里绝对有城市，并且把她带到了美丽的伊朗城市亚兹德，这才使她冷静下来。

中东之美

克拉拉觉得自己仿佛置身于《一千零一夜》故事的场景中。在迷宫般狭窄蜿蜒的街道上，陶土屋的木门上装饰着精美的雕刻，花园中和藤架上茂密的蔓藤丛生。亚兹德这座浅棕色的城市中，点缀着星期五清真寺壮观的蓝白瓷砖和当地博物馆宏伟的蓝绿色穹顶。这是真正的中东美景。

沙漠中的城市

拥有几千年历史的古城亚兹德，屹立在沙漠之中。对精疲力竭的旅行者来说，这可是件大好事，他们可以在亚兹德通风的土屋里休息，还能补充淡水。著名的意大利旅行家马可·波罗就很喜欢亚兹德。

亚兹德的星期五清真寺

到了亚兹德却没有参观星期五清真寺，那就白来了一趟。因为它不仅是这个沙漠城镇中最令人瞩目的建筑之一，还是一座美轮美奂的波斯文明纪念碑。自 12 世纪以来，这座神殿就一直矗立于此，用精巧的蓝白相间的瓷砖加以装饰。

！ 居住在沙漠城镇也有不好的地方，其中之一便是始终面临着沙尘暴的威胁，一旦沙尘暴来临，小城就会完全笼罩在令人窒息的沙尘之中。

风塔之城

城市里到处都是高塔，这吸引了两位旅行者的注意。好奇的彼得发现它们是传统的风塔。它们既是通风设备，也是一种原始的空调。原理很简单：塔能捕捉到哪怕是最轻微的风，并把它们引到屋内；另外，屋内的热气被向上推，并从塔的另一部分排出。

永恒的火焰

在亚兹德，仍然有人崇拜火，他们被称为拜火教徒。拜火教是一种古老的宗教，认为火是光明和善的代表。亚兹德的拜火庙里仍然保留着古代点燃的圣火。

我们现在就在《一千零一夜》的童话里呢。

道拉塔巴德花园

天堂花园

克拉拉与彼得一起穿过道拉塔巴德花园时，她不由得感叹："我们到天堂了，不是吗？"繁盛的柏树，盛开的玫瑰，喷涌歌唱的喷泉，美丽的河道，这一切都使旅行者犹如来到了天堂，难怪这座花园被联合国教科文组织列为世界文化遗产了。

小姐，买点香料吧

午睡的时候，沙漠小镇的街道上几乎空无一人。但是，一旦午休时间结束，小市场的街道就会变得富有生气。商人们在这里售卖东方地毯、陶器、玻璃、传统桌布、茶叶和香料。他们坐在橱窗前，品味浓浓的加糖红茶，享受着美好时光。

安特卫普

比利时

即使是最虔诚的朝圣者和旅行者，有时也会感到疲惫；即使是最顽强的步行者，有时也会觉得腿疼。山羊彼得也是如此。毕竟，他已经穿越了几千千米，背上还背着年轻的母鸡克拉拉，以及她买的大包小包。彼得想，为什么不休息一下，换种方式，舒舒服服地坐火车呢？于是他们就这么做了。彼得和克拉拉跳上一列火车，向比利时的安特卫普飞驰而去。

美丽的火车站

迎接彼得和克拉拉的火车站令人印象深刻，简直是一座繁复的教堂。它有着精美的圆屋顶、高架桥，还有美丽的玻璃和大理石装饰。因此，这座建于 19 世纪和 20 世纪之交的火车站被誉为"铁路大教堂"也就不足为奇了。乘客们在候车时，也不会感到无聊。在巨大的大厅里，不仅有许多商店，最奇妙的是还有一家钻石展览馆。

坚不可摧的钻石

500 多年来，安特卫普一直是世界领先的钻石中心，这里还有世界上最大的钻石交易所，钻石贸易蓬勃发展。克拉拉走在扎伦堡区的钻石街上，耀眼的珠宝店一个接一个。虽然她什么也没买，但安特卫普切割这些稀有矿石的传统给她留下了深刻印象。

真不可思议！

鲁本斯生活的小镇

安特卫普在历史上享有盛名，不仅因为出众的商人、手艺高超的钻石切割工匠，还因为鲁本斯这位才华横溢的巴洛克画家。他一生的大部分时间是在这里度过的。在安特卫普，我们在哪儿可以找到鲁本斯的痕迹呢？圣母大教堂挂着这位艺术家的著名画作；鲁本斯葬在圣雅各教堂；这里还有鲁本斯故居，以及真人大小的鲁本斯雕像。这么看来，与鲁本斯有关的东西确实有很多，不是吗？鲁本斯点燃了克拉拉对美术的兴趣。

他们为什么不给我戴上帽子呢？

大师，需要我帮你拿来吗？

鲁本斯

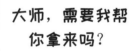

纪念巨手

巨人和士兵的传说仅仅是一个传说而已吗？那么，为什么城里到处都是巨大的石手呢？为什么每家糖果店都有巧克力和杏仁做的手形糖果呢？为什么安特卫普的广场上有一个布拉博喷泉，是胜利的士兵正把一只巨手扔进水里的样子呢？至少，彼得相信这个传说是真实存在的。

小心，别丢了自己的手

安特卫普坐落在斯海尔德河畔。据说很久以前，有一个邪恶的巨人住在河边，监视着安特卫普港口。所有想通过这个港口的人，都得向这个巨人付一大笔过路费。要是有人拒绝付钱，巨人就残忍地撕扯掉他们的双手，再把他们扔进河里。后来，一个叫作布拉博的罗马士兵勇敢地站了出来，与巨人进行了决斗。布拉博胜利了！他砍掉了巨人的双手。安特卫普这个名字就来源于荷兰语中的"断掌"。

再见了，安特卫普

想游览完斯海尔德河畔的安特卫普的所有景点肯定会很累。安特卫普是一个重要的大港口，彼得决定和克拉拉去坐船。他们真的这么做了。跳上船出发！在一栋历史悠久的港口建筑上，延伸出一部分超现代风格的建筑，看着像一颗巨大的钻石，对此，不会有人感到惊讶。

伊夫雷亚

意大利

山羊彼得和母鸡克拉拉一直在周游世界，他们翻山越岭、穿过山谷，他们游过河流、远渡重洋。这一路过来可累坏了他们，尤其是彼得，他大部分时间都得把小小的克拉拉驮在背上。现在，是时候坐下来休息一会儿，顺便吃点午饭了。等等，什么味道？从哪儿飘来一阵扑鼻的橙子香气？我们去伊夫雷亚寻找答案吧。

橙子大战

彼得和克拉拉一到伊夫雷亚就被卷入了当地的橙子大战。这场大战分两个阵营，两边的人身着不同的中世纪服装，疯狂地向对方身上扔橙子。这可是伊夫雷亚的传统。这个一年一度的狂欢节，据说是为了纪念12世纪时民众在女孩的带领下反抗暴政的行动而举行的。

> 不准向戴红帽子和红围巾的人扔橙子。

古老的伊夫雷亚

伊夫雷亚可不是一座只有橙子大战的城市，它还拥有悠久的历史。早在约公元前100年，伊夫雷亚就已经出现在历史记载中。信不信由你，在11世纪初，伊夫雷亚其实是意大利的中心城市，因为当时伊夫雷亚的阿尔杜伊侯爵是意大利的国王。

卡米洛·奥利韦蒂

一座梦工厂

20世纪30年代，实业家奥利韦蒂把一些顶尖的建筑师请到了这座城市，为他的雇员规划安排好工作区域和休息区域。他的工厂拥有巨大的玻璃墙，工人们可以从里面望见远方的阿尔卑斯山和近处的街景，街上的人们也可以从外面看到工厂的内部。据说奥利韦蒂不要求员工一直待在工厂的生产车间，只要愿意，他们可以去藏书丰富的图书馆看看书，可以去自助餐厅喝喝咖啡，也可以去专供休息的房间聊聊天。

! 橙子大战所用到的"弹药"橙子都是从西西里运来的，一次大战会用掉大约500吨新鲜多汁的橙子。

工业城市伊夫雷亚

真正使美丽的伊夫雷亚位列联合国教科文组织世界遗产名录的，是这里的现代工业。现在，这座城市的一部分区域就如同一座露天的现代建筑博物馆。奥利韦蒂是一个非常开明的商人，他发起了对伊夫雷亚工业区的建设，为自己家乡的发展做出了很大的贡献。

工厂员工的宿舍

历史遗迹一览

罗马剧场遗址：约 1 世纪修建
圣史蒂芬钟楼：约 11 世纪修建
城堡：约 14 世纪修建

美好的生活

奥利韦蒂的员工不用走很远的路去上班，因为奥利韦蒂在工厂附近为他们建造了几座三四层楼高的宿舍，房子整洁干净，周围绿树环抱，环境十分舒适。如果你问奥利韦蒂为什么要这么做，他会告诉你："我想要实现人与机器之间的和谐统一，使工业生产自然地融入城市生活，成为生活的一部分。我也想用人性化的方式使用科技，因为现代科技的唯一作用就在于为人类服务。"

吃完我们就走吧，我想去瞧瞧其他地方。

格拉斯

法国

真正的薰衣草海洋！

在种满紫色薰衣草、迷迭香、茉莉花、玫瑰和没药的广阔田野中，弥漫着一股沁人心脾的香气。在一片花海之中，彼得充满了活力，像小孩子一样跳来跳去。克拉拉则张大嘴，尽情呼吸着青草的香气。她像个小仙女一样，扑扇着翅膀跟在山羊后头。我们的两位小旅行者陶醉在法国普罗旺斯的浪漫和美丽之中，他们循着香味而去，来到了世界香水之都格拉斯。

戴上手套

中世纪时，格拉斯是皮革生产中心，以手套最为出名。凯瑟琳·德·美第奇是一位贵族，她受不了皮革的气味，想要有一副芳香的手套。于是，当地一个十分有头脑的手套制造商加利马尔制作了一副加入了薰衣草精油的供贵族妇女戴的手套。从此之后，香水手套在 17 世纪广泛流行。后来，勤劳的格拉斯人开始大量生产香水，香水制造很快成为他们的主要产业。

凯瑟琳·德·美第奇

调制香水

香水业的新发展

17 世纪时，格拉斯的人们开始制造香水。到了 18 世纪，法国国王路易十五迷恋上喜欢穿衣打扮的蓬帕杜尔夫人，为了迎合她挑剔的香水品位，格拉斯的香水制造商都使出了十分的力气，加上他们的制作工艺本来就已经极其精良，所以格拉斯很快成为香水制造业的龙头。

到处都是鲜花

在香水领域，没有其他地方可以与格拉斯比肩。格拉斯海拔300多米，周围群山环抱，当你环顾四周，你会看到大片大片随风摆动的鲜花，它们让格拉斯看起来漂亮动人。在狭窄蜿蜒的街道上，到处都能看到玫瑰和茉莉花。这儿还有一个集市，里面摆满了色彩鲜艳的鲜花。

芳香的纪念品

在其他城市，游客逛商店买时髦的服饰；而在格拉斯，商店的橱窗里摆满了各种形状和大小的瓶子，瓶子里面装的自然是香水和香皂。母鸡克拉拉忍不住为农场里的所有朋友都买了一瓶香水。

这些花能吃吗？

香水之城那些不香的宝藏

建于约12世纪的山顶圣母教堂，证明格拉斯的历史可以追溯到中世纪。外观越朴素，内部越丰富，这座教堂里有鲁本斯、意大利文艺复兴时期艺术家布雷亚和法国画家弗拉戈纳尔的作品。

香水博物馆

一千零一种香味

人们总说，条条大道通罗马。而美丽的格拉斯镇蜿蜒、狭窄、神秘的中世纪街道则将人们引向国际香水博物馆。这幢几层楼高的建筑物里收藏着各种各样的香水，对克拉拉来说，参观这里可真是一件乐事。彼得刚开始却有些无聊，但参观到生产设备和蒸馏设备的时候，他也来劲了。

你有没有闻到历史的香气？

阿姆斯特丹

荷兰

两个小旅行者的旅途十分顺利。他们去过很多城镇，有了很多新奇的体验，现在他们来到了荷兰的首都。"丁零零"，他们听到了一阵叮当声，都好奇地抬起头。"丁零零""丁零零"，先是这边，然后是那边，不一会儿，到处都响起了这种声音。怎么回事？原来，这里的大部分居民都是骑自行车出行的。

运河

著名的运河

在阿姆斯特丹，那些修建于16—17世纪的运河纵横交错。以前，运河只用来运输货物。现在，运河吸引了很多喜爱水和建筑的游客。运河两旁是荷兰典型的狭窄建筑，彩色的屋顶周围有各种美丽的装饰。哪里有运河，哪里就有桥。阿姆斯特丹城里的桥也不少，足有1000多座。

没有自行车，你会寸步难行

在阿姆斯特丹，道路和桥梁都有着悠久的历史，却非常狭窄。这里还有大片开阔的空地，因此，骑自行车是最便捷的出行方式。警察、邮递员、老板都会开心地骑车出行，妈妈们也会骑车带孩子出门。街道上有专门给骑自行车的人设置的信号灯，甚至还有专门的多层自行车停车楼。来到阿姆斯特丹，不骑自行车算是白来了！

安妮·弗兰克的雕像

安妮之家

建在木桩之上

阿姆斯特丹所在的地方土地并不十分稳定，想想也是，到处都是运河，怎么可能稳定呢？所以从前，当地的房子无论大小都建在木桩上。适应不稳定地面的另一个建筑小技巧是，相邻的建筑物相互倚靠，形成一个建筑单元。所以来到楼上，人们会发现地板朝一个方向微微倾斜，这很常见，没什么好担心的。

水上花市

说到荷兰的花，那就是郁金香了。不过，这里除了郁金香，还有不少其他种类的花。阿姆斯特丹有独一无二的全年花卉市场，它可是浮在水上的。小船上摆满了芳香的花朵，看起来是不是非常浪漫？实际上，这么做也是有现实原因的。市场里的商品都是用船走水路运来的，这个传统可以追溯到 19 世纪。既然能直接在船上开设市场，那干吗还要费劲去把鲜花、幼苗还有根茎搬上岸呢？于是就有了水上花市。

骑车真开心！

了不起的小安妮

"这么小的女孩居然有纪念雕像！"克拉拉有些嫉妒。彼得只得向她解释，这座雕像是年轻的犹太女孩安妮·弗兰克的，她是富商奥托·弗兰克的女儿。为了逃离纳粹的迫害，安妮和家人于 1933 年离开了在德国的家。他们在荷兰过着幸福的生活，直到 1940 年，德国人占领了荷兰，当地的犹太人开始遭受迫害。安妮和她的家人，以及其他当地犹太人，都躲进了奥托公司里的一处秘密藏身所。8 个人在狭小的密室里生活了整整 2 年，后来他们被发现了，并被转移到了集中营里。15 岁的安妮再也没回来过。

这一段躲躲藏藏的悲惨生活经历，不仅能在安妮·弗兰克的日记中读到，在她和其他人共同躲藏的那座房子里，也可以找到实际证据。

蒙特利尔

加拿大

孩子们，要知道，旅行有时候是很累的，更别说两个小旅行者从一座城市赶到另一座城市，从一片大陆赶到另一片大陆，马不停蹄地兜兜转转了。这会使人偶尔后悔这次出远门的决定，变得情绪激动、喜怒无常。小母鸡克拉拉就是这样。没有睡够觉，整天和山羊彼得待在一起，克拉拉终于发作了："带我去个能购物的地方！我要买东西！"她滔滔不绝地说着，山羊彼得被她磨得不耐烦，只得在地图上找到一条路线，带她前往加拿大的蒙特利尔。"你买完东西以后，就大叫三声。"他说完这话就喝咖啡去了。

来到地下

晕头转向的克拉拉转过身来，终于找到了方向，不一会儿就消失在了地下。蒙特利尔的地下还隐藏着另一座城市，一座全是地下通道、购物中心和体育设施的城市。克拉拉开心地从一家商店窜到另一家商店，买了不少新衣服。当地女性给了克拉拉很大的启发，据说她们对时尚和穿搭都非常有品位。

地下城

始建于 20 世纪 60 年代的蒙特利尔地下城，绝对是世界上独一无二的。它足有约 30 千米长的步行通道，通往数千家不同的商店和餐馆。加拿大的冬天非常冷，想想牙齿就开始打战。在地面上逛街，你得把自己严严实实地裹在羊毛衫和大衣里，而且每次逛商店时要脱了，逛完了出来又得穿上，真是非常麻烦。但是到了地下，情况就完全不一样了。

来点锻炼也不错

克拉拉买够了东西，就借了溜冰鞋去溜冰场。没错，她不需要离开地下城，溜冰场就在地下。她在冰面上旋转跳跃，动作优雅。在地下玩够了，她就准备回到地上。尽管克拉拉的方向感不是很好，她在地下也没有迷失方向，因为那里的指向标识都十分清晰易懂。

天哪！
我在溜冰！

购物中心

67 号住宅区

迷失在蒙特利尔

克拉拉在地下能清楚地找到方向，彼得在地上却找不到方向了。他在一个奇怪的地方迷路了，那里到处都是奇形怪状、相互连接的盒子，这些盒子有 300 多个，居然是公寓！后来他才知道，这个地方始建于 20 世纪 60 年代，其实是一片实验性的后现代风格住宅区，名叫 67 号住宅区。他摇了摇脑袋，实在不能相信。

山羊艺术家

彼得终于想办法走出了后现代风格的 67 号住宅区，他又去参观了老城区历史悠久的建筑，也仰望了新城区的摩天大楼。作为一个真正的艺术爱好者，城市里的雕塑、街头涂鸦和数不清的画廊让他激动不已。蒙特利尔能吸引世界各地的青年艺术家，这可不是偶然。

滑雪

雪下得很大，彼得在穿过蒙特利尔市中心时遇到了许多越野滑雪者。他也穿上了滑雪板，滑向通往地下的一个入口。他想起了克拉拉。你八成也能猜到他们其实错过了对方。不过他们最终还是找到了彼此，踏上了另一段旅程，只是这次可就不能购物了。

我爱上滑雪了！

29

好莱坞

美国

　　尽管不愿意，山羊彼得还是带克拉拉来了好莱坞，毕竟他已经保证过了。他答应过要带克拉拉来她的梦想之地，一个盛产电影和电影明星的地方。"傻孩子，想什么呢？她觉得自己能当电影明星吗？"彼得感觉到了背上的克拉拉因为满怀期待而开始颤抖，于是他加快了步伐，跨过边界，进入了著名的"天使之城"洛杉矶。

县比市更大

　　洛杉矶市有将近 400 万居民，而洛杉矶县却有约 1000 万居民！洛杉矶县由 80 多个城镇构成，比如洛杉矶市、贝弗利山、圣莫尼卡、好莱坞、长滩和帕萨迪纳。我们的两个朋友租了一辆很大的美国汽车去了好莱坞。要知道，在这里没有车你哪儿也去不了。

梦想之城

洛杉矶是美国的第二大城市，是18世纪时由西班牙殖民者建立的，位于太平洋沿岸。因此，除了昂贵的地价、奢侈品商店以及电影明星外，这座城市还有美丽的海滩。在小母鸡克拉拉看来，洛杉矶简直是每个女孩的梦想之城。

到处都是名人

"布拉德·皮特、约翰尼·德普……哇！你看，我都不敢相信，是安吉丽娜·朱莉！"克拉拉激动得快晕过去了，赶紧拿出小笔记本来收集签名。当然了，随随便便就遇到这么多演员和导演，可不是什么巧合。他们很多人就住在这座电影之城里。

玛丽莲·梦露

梦工厂

到了好莱坞，就不能不去环球影城。你会发现，身边到处都是著名电影或电视剧里的经典场景。你能遇见金刚；走进侏罗纪公园，没准还会被霸王龙吓一跳；还可以去拜访哈利·波特的霍格沃茨魔法学校。而且，如果你面前突然有一座桥塌了下来，也不要惊慌，那只是电影效果罢了。

我是巫师彼得。

星光大道

星光大道

"我的天哪，是星光大道！"克拉拉沿着这条长长的人行道边跑边喊。这条人行道上装饰着超过2500颗粉色的水磨石星星，上面刻着名人的姓名。在星光大道上拥有自己的星星并非易事，对一个艺术家来说，这是巨大的荣誉。

制作电影的绝佳之地

在第一次世界大战之前，好莱坞还只是一个相当普通的小镇，谁也想不到它日后会如此辉煌。当时，电影制作人在美国各个城市都会拍摄电影。但是，因为好莱坞这个地方气候温和、风景优美，越来越多的导演就选择在这里拍电影。在20世纪，好莱坞向全世界输出了数千部电影，包括动画片、喜剧片和音乐剧等。

波托西

玻利维亚

天干物燥，四周都是光秃秃的岩石。山羊彼得拖着疲惫的脚步穿过这片荒凉的土地。他真想痛快地喝饱水，然后像克拉拉那样休息一下。彼得的蹄子啪嗒啪嗒地响着，克拉拉其实是跟着摇晃的节奏睡着了。她没有注意到，她的旅行伙伴刚刚踏上了一次艰苦的攀登之旅，目的地是世界上海拔最高的城市之一——玻利维亚的波托西。

财富之上

海拔约 4000 米的波托西位于安第斯山脉里科山脚下。这座乍一看普普通通的灰褐色山峰，在波托西的历史上扮演了十分重要的角色。它是珍贵银矿的主要产地。矿产是城市建设的动力，也是城市财富和快速发展的源泉。在 17 世纪鼎盛时期，波托西拥有 80 多座教堂和超过 16 万居民，无疑是当时整个南美洲最大的城市。

看，是银子

1545 年，人们在里科山上发现了银矿。此时西班牙征服者已经残酷地征服了印加帝国，占领了玻利维亚全境，发现了大量这种稀有金属，不由得欣喜若狂。他们不顾矿井的恶劣条件，立即强制印第安人 24 小时轮班开采银矿。所有银子都被送到了远在西班牙本土的国王手中。

淘洗矿石

仍然在开采

如今，波托西银矿的开采条件依然十分恶劣。因为银矿，波托西才成为美洲大陆上曾经最富有的城市，但现在人们的开采目标已经不是白银，而是锡。矿井周围散落着矿工小得可怜的房子，很多屋顶都是用简陋的塑料或者金属做的，与过去几个世纪建起的殖民建筑群形成了鲜明对比！

富有的过去

波托西曾经是个十分富裕的城市，遍地都是的教堂就证明了这一点。这些教堂的每一个角落都几近完美，比如豪华的修道院、漂亮气派的大门和雕刻华美、充满艺术气息的阳台。波托西开采出了大量银矿，因此，城内还有一家造币厂，不过这家造币厂现在已经成了一座博物馆。这座城市曾经十分美丽。

矿脉之下

彼得想看一眼银矿究竟是什么样的。于是，他和克拉拉套上工作服，戴上头盔，拿上灯，顺着木梯走到地下深处，克拉拉在迷宫般的隧道里感到有些害怕。"别担心，我会保护你的。"山羊彼得一边说，一边消失在了黑暗中。

银矿

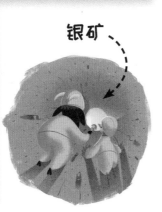

救命！有老虎

在波托西的街道上，有一只白虎在狂奔，不过根本没人害怕，就连会被狐狸吓破胆的胆小鬼克拉拉都没害怕。其实，矿城波托西的这只白虎并不是嗜血的野兽，只是一个穿着戏服的人而已。这个人可有着重要的任务。交通繁忙的时候，他会示意车辆停下等候，以便行人能够安全地穿过马路。

停车！克拉拉和彼得要过马路。

买不买呢？

汗水和白银

"现在知道了矿工为了采这些银子受了多少苦，我想我以后再也不会买银饰了。"母鸡一边这么想着，一边跑出了波托西。

奥克兰

新西兰

彼得和克拉拉的世界城镇之旅仍在进行，这次，他们来到的是新西兰。这里被称作"尘世中的天堂"。两个旅行者到达后，立刻对这里清澈的湖水、起伏的山丘、茂密的绿色植被和绵延的海滩赞不绝口。欣赏完原始的大自然和可爱的奇异鸟以后，他们就准备启程去探索新西兰最大的港口城市奥克兰。

推倒再建造

一开始，奥克兰市中心的建筑是维多利亚风格的。然而，在20世纪60年代左右，奥克兰人为了让他们的大都市变得现代化，拆除了部分旧房子，建造了高高的玻璃摩天大楼。从市中心经过的人如果要一直抬头仰望摩天大楼，一定会感觉脖子酸疼的。

火山

人口众多的奥克兰位于火山地带。这里有约50座死火山，不难想到奥克兰是一座多山的城市，地势并不平坦。山羊彼得和母鸡克拉拉在山上一路前行，累得筋疲力尽，不得不停下来休息一会儿。

景色太迷人了。

壮丽的景象

天空塔不仅是奥克兰最高的建筑，也是整个南半球最高的建筑，彼得和克拉拉当然要去塔上大饱眼福。他们坐电梯到了塔顶，尽情地欣赏着城市和周围的景色。不过彼得觉得电梯里的玻璃地板有点吓人，因为不像克拉拉，他可没有翅膀。但身处如此高塔的经历真令人难以忘怀。

太美了，哇！

真实的水底世界

奥克兰紧靠海边，在奥克兰的海湾里，就算不是专业潜水员，也可以去海床上四处看看，了解海底的居民。凯利·塔尔顿的水下世界实际上是一条长长的海底玻璃隧道，在这里可以漫步海底，观察海洋世界的秘密。克拉拉作为一个地道的陆地生物，想在岸边等好奇心重的彼得，但彼得说服了她一起去。最后，她也觉得，如果不来就太可惜了。

我饿了

"我饿了！"克拉拉喊道，她的肚子发出咕噜噜的响声，整条街都能听到。彼得正想办法的时候，"嘀！嘀！"一辆白色的大货车沿着街道驶来，车身上画着一位漂亮的姑娘。人们大喊一声："汉堡来啦！"很快就排成一条队。这是奥克兰的流动汉堡店，已经营业60多年了，人们可以在这里买美味的大汉堡包。是不是很棒？很快，克拉拉就填饱了肚子。

死火山

The White

我也想要一艘帆船

奥克兰也被称为"风帆之城"。这个城市的沿海地区有各种各样的船：帆船和游艇，普通船和豪华船，应有尽有。奥克兰人喜欢在船上度过周末，就像欧洲人喜欢去乡村别墅过周末一样。奥克兰的船多得数不清，大约平均每5个居民就拥有一艘船。

战舞

去奥克兰的艾伯特公园来个野餐、喝杯咖啡，看看毛利人的战舞哈卡舞，彼得和克拉拉再次出发啦！时间不等人，地球正以惊人的速度不停转动。

！ 毛利人是新西兰最早的居民，他们14世纪时就已经在这里定居了。

孔扎

肯尼亚

火辣辣的阳光、古老城市里的炎热街道，欢迎着克拉拉和彼得来到非洲。山羊和母鸡曾在非洲的约翰内斯堡、开普敦、开罗以及许多其他古老和现代的城市里漫步。他们在旅途中累坏了，于是在亚的斯亚贝巴找了一家舒适的小旅馆休息。亚的斯亚贝巴建于19世纪末，是一个相对较新的城市。在睡梦中，克拉拉梦到了一场婚礼；彼得则梦到了肯尼亚的孔扎，那可是一个真正的未来大都市。

世界上最年轻的城市

孔扎科技城现在还没有建成。2013年初，当时的肯尼亚总统姆瓦伊·齐贝吉主持了奠基礼，还种了一棵树。如果一切顺利，到2033年左右，世界上最年轻的城市孔扎将以闪耀的超现代之美屹立于世。

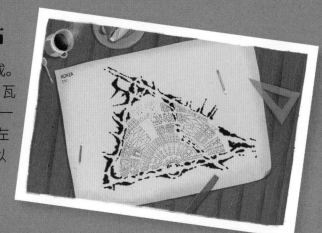

智能城市

年轻的孔扎将成为一个智能城市，充分利用所有现代技术，实现高效运转，而且自然环保，为居民提供一个舒适的居住场所，让他们快乐地生活。

生态城市孔扎

现代的孔扎也将是一个生态城市，大自然和自然资源都会得到保护。城市中的各种建筑和设施既不会浪费能源，也不会浪费可以救命的水，有害气体的排放将明显减少。一切都将在自然、环保和生态的基础上运转。

梦醒了

早晨，阳光透过窗帘照射进来，弄痒了彼得的鼻子，又抚弄着克拉拉的嘴，他们的梦就这样消失了。在梦中，克拉拉正在接受新娘的吻，而彼得正要搬进刚建成的孔扎市里的一栋生态房屋。他对自己说："到了2033年，我一定要去肯尼亚，开始过现代生活。"

程序员和开放思想的城市

未来的孔扎将和其他城市一样，来孔扎的人可以看到街巷、林荫大道、旅馆、学校、医院、体育设施、公园、商店、警察局和普通住宅区。但最重要的是，作为世界上最年轻的城市，孔扎将为来自世界各地的科学家和计算机程序员提供极好的生活与工作环境。孔扎将会是一个配备精良的科技园区和中心，致力于促进计算机技术的发展。

平遥

中国

　　风景优美的亚洲热情地欢迎山羊彼得和母鸡克拉拉。到处是色彩缤纷的城镇，与西方截然不同的田野，面带微笑的人们。我们的朋友越过中国边境，进入了这个幅员辽阔、世界上人口最多的国家，他们来到的是中国北方的山西省，神奇的城镇平遥深深地迷住了他们。

宏伟的城墙

古老的城市

　　平遥古城坐落在中国古代重要的商道上，巨大的城墙于 14 世纪时重筑扩修，至今仍屹立不倒，城墙之内的城镇古色古香，仍保留着以前的风貌。古城墙上的 3000 个垛口和 72 座敌楼仍然讲述着这座古老城市的悠久历史。

好像乌龟

　　彼得和克拉拉爬上了十几米高的城楼，从那儿几乎可以看到整个平遥的动人景色。站在如此高的地方眺望，眼前古城的轮廓仿佛是一只乌龟。没错，就是这样。神龟在中国象征着长寿和吉祥，平遥以龟的形象布局，寄托了人们美好的期望。

贸易中心

　　平遥是商路上的重要城市，拥有优越的地理位置，又包含着吉祥如意的寓意，因此发展迅速。中国的第一批票号就是在平遥创立的，平遥也因此成为中国古时重要的金融中心之一，汇票就是在这儿发明出来的。但没有什么能永恒不变。19 世纪中叶，票号行业崩溃，平遥失去了原有的财富和地位，那时的城市模样却保留了下来，成为对古代岁月的美好纪念。

平遥风景优美的街道

买一个纪念品

山羊彼得和好奇的母鸡克拉拉漫步在平遥迷人的街道上，看着技艺高超的当地工匠工作。一些妇女在绘画和装饰中国特色的木盒和木桶，其他人在兜售手工刺绣的祈福灯笼。琳琅满目的商品色彩缤纷，克拉拉很想挑一件纪念品，可这实在是太难决定了！最后离开的时候，她的翅膀下夹了一个首饰盒。

自行车和灯笼

在平遥，自行车是最常见的交通工具，彼得和克拉拉也入乡随俗，骑着自行车游玩。晚上，他们要离开童话般的平遥了，在灯笼朦胧的灯光中，走出了这座好运之城。

！城镇的雄伟城墙长约6.2千米，它是在公元前9—前8世纪修建的旧城墙的基础上扩建的。

纪念品商店

城楼

我打算给孩子们买些小玩意儿。

费拉

希腊

母鸡克拉拉在漫长的旅行中一直盼着能找个归宿，她决心要去希腊的岛屿上转转。也许在一个有着悠久历史又很有名的地方，她可以找到真爱。彼得当然愿意为克拉拉做这件事。于是他们跟着地图登上了锡拉岛，来到美丽的费拉镇。

特别的房屋

那些阶梯交错的蓝白相间的小房子，看起来像是从石头里长出来的一样。克拉拉看了一眼屋内，不由得感到兴奋。这里的屋子从外面看好像是平房，但其实还有从岩石上开凿出来的其他楼层和走廊，而且通常是互通的。

蓝白搭配

美丽的白色建筑搭配深蓝色、绿色或蓝绿色的百叶窗、楼梯和阳台，是基克拉泽斯建筑的特点。这种独特的建筑起源于希腊的基克拉泽斯群岛，与希腊其他地方的建筑有很大的不同。但有一件事是肯定的：不管是谁，看到这些房子都会爱上它们的。

骑在驴背上

想去锡拉岛上的费拉镇，就需要一头驴，更准确地说，你需要骑着它。驴子很温顺，尽管累得满头大汗，仍会驮着你爬上 400 米高的破火山口。当然，若是担心驴子太辛苦，也可以乘坐缆车。站在火山口的顶端，美丽迷人的城市就在面前延伸开来。

啊，这山可真够高的！

但愿不会喷发

费拉镇的历史并不久远，它是为在 18 世纪被地震毁掉的斯科洛斯镇的居民建造的。处在这个被火山包围的地区，费拉不仅建在一座火山口的边缘，而且从镇里还能看到另一座火山和两座火山岛的美丽景色。

凝视美景

"哇，太漂亮了！"看到壮观的蓝白房屋，母鸡克拉拉惊叹不已。这两种颜色结合在一起，是希腊的特色。费拉有狭窄蜿蜒的小巷、热闹的集市、盛开的三角梅，还有许多商店、咖啡馆和餐厅，供应香喷喷的希腊美食。从 18 世纪末发展起来的小镇费拉充满了现代生活的气息。

费拉小镇的建筑

我们以后能不能都住在这里？

再见

克拉拉和彼得不想离开建造在火山上的小镇费拉，这里简直就是旅行者的天堂。镇里的咖啡馆、海滩和美丽的环境让他们享受不已。当地人送给他们一些烤肉串在路上吃，扦子上除了有小块的肉，还有蔬菜。居民和他们依依告别："你们还有很长的路要走，不过，一定要再来看看我们！"但愿山羊和母鸡能信守诺言。

! 破火山口是地质术语，指的是火山爆发后，周边的火山堆积物崩塌或向内陷落，形成比原本的火山口大得多的洼地。

波尔图

葡萄牙

美丽的瓷砖

波尔图的许多房子都装饰着蓝白色的手绘瓷砖，是一道独特的风景。然而，在葡萄牙可找不到这种瓷砖的起源。它们来自波斯，由阿拉伯人带到伊比利亚半岛，并在这里得到了进一步的发展。蓝白瓷砖不仅可以装饰房屋，还可以保护房屋免受潮湿和高温的侵袭。

当一个人——现在是一只母鸡——舒舒服服地待在一只山羊的背上时，她就有足够的时间思考各种事情，至少比走路走得很累或者背着东西的羊方便得多。不用说，克拉拉日夜都在思考，她想了很多，其中一个想法，就是去看看世界上最美丽的城市。可哪个城市是最美丽的呢？"哪里有最美的城市呢？"彼得喃喃地说，"每一座城市都很好。但在葡萄牙，最美丽的城市无疑是波尔图。"

塞里格设计的铁桥

是不是觉得眼熟

杜罗河上的几座桥有没有让你想起埃菲尔铁塔？如果有，那就对了！这些铁桥的设计者正是埃菲尔和他的得意门生——比利时工程师塞里格。

弥漫着魔法气息的最美书店

彼得可是一只爱读书的羊，于是他们去了美丽的莱罗书店，它是世界上最漂亮的书店之一。店内古色古香，摆满了书籍，装有螺旋木楼梯，每一个来到店里的人都着迷不已。彼得高兴得说不出话来，克拉拉则咯咯地说，这家书店让她想起了哈利·波特就读的霍格沃茨魔法学校。她说的没错。波尔图的莱罗书店无疑给了作家罗琳灵感。

手绘瓷砖

你看过今天的报纸了吗？

里贝拉老区

克拉拉和彼得都不会忘记里贝拉老区，这里是波尔图市杜罗河岸边一处古老的地方，有着宏伟高大、色彩艳丽的房屋。在迷人的里贝拉，时间似乎并没有流逝，而是静止在古老的年代。这里没有忙碌与喧嚣的现代生活的痕迹。当地人在大街上工作、聊天，生活非常完美。山羊与母鸡和他们在一起非常高兴，到了不得不离开里贝拉的时候，都忍不住湿了眼眶。

盛产葡萄酒的城市

波尔图是葡萄牙的第二大城市，离大西洋不远，坐落在杜罗河畔。酿酒商人过去用木船把葡萄酒从河上运到波尔图。波尔图葡萄酒在世界各地都很有名气，尤其受到鉴赏家的欢迎。如今，传统的船只仍然在波尔图城内的河流上航行，只是不再运送酒桶，而是拉载游客。

告别前的漫步

彼得和克拉拉在波尔图愉快地散步。他们参观了当地建于 12 世纪的大教堂，到餐馆里享用了美味的食物，然后去搭乘火车离开。这里的火车站非常好看，当然也镶着蓝白色的瓷砖。他们并不想离开这里，但也跃跃欲试，要去下一站旅行。

彼得，你想离开吗？

斯德哥尔摩

瑞典

到了现在，山羊彼得和母鸡克拉拉在旅途中已经见过了很多东西，也经历了不少事情，但当他们来到瑞典的首都斯德哥尔摩时，还是不由得大吃了一惊。"谁会相信呢？一座城市竟然分布在14个小岛和1个半岛上。"彼得抖着胡子咩咩叫道，克拉拉则紧紧地贴着他那瘦骨嶙峋的后背。老天，怎么又到海边了？对母鸡来说，这可不是什么诱人的地方。

是地铁，还是画廊

哪怕是最老练、最有经验的旅行者到了斯德哥尔摩，也会觉得震撼。斯德哥尔摩的地铁不是普通的地铁，仅仅把一个人或一只羊从一站带到另一站。斯德哥尔摩地铁是一个充满活力的地方，也是长长的地下画廊。在全部100个站点中，有超过90个带有精美的艺术装饰。斯德哥尔摩人热爱艺术。想看那些美丽的画吗？你只需要有一张有效的地铁票就行了。

玩具般的房子

"看呀！这些房子就像是孩子们用积木搭起来的。"在斯德哥尔摩老城，克拉拉叽叽喳喳地说。窄小的商铺色彩丰富，一个挨着一个，给中世纪的街道增添了几分童话色彩。老城是斯德哥尔摩真正的中心，这里是斯德哥尔摩的发源地，城市的历史从这里书写。

爬上屋顶

别往下看，彼得。

想从高处欣赏斯德哥尔摩，可以来个屋顶之旅。从飞鸟、烟囱清洁工和屋顶修理工的视角看这座城市，是不能错过的难得经历。克拉拉说服彼得一起爬上了屋顶。彼得不太喜欢爬高，还差点滑倒，但为了克拉拉，他还是上来了。

斯德哥尔摩的
一个岛

没有雾霾的城市

　　瑞典首都完全可以夸口说他们的绿化很到位。必须得说，瑞典人确实非常注意绿化。斯德哥尔摩人出门会优先考虑乘坐公共交通工具和骑自行车。想驾车进城，就必须付一笔拥堵费。这样一来，城市的街道既安静又干净。公园里没有雾霾，人们可以在环绕城市的水中自由地游泳。

博物馆之城

　　瑞典大都市斯德哥尔摩的居民很有求知欲。尽管如此，100多座博物馆对他们来说也绰绰有余了。彼得对诺贝尔博物馆尤其感兴趣。他小时候就梦想着，有一天能获得以这位炸药发明者的名字来命名的著名奖项。要是愿望成真，那他就能到斯德哥尔摩市政厅来领奖了。

诺贝尔

瑞典下午茶

- - - - - - - - - - - - - - - - -

　　这个迷人的大都市（它的历史可以追溯到13世纪），当然值得彼得和克拉拉再待一天。在离开之前，他们去喝咖啡、吃蛋糕，享受了一次经典的瑞典下午茶。每天下午和朋友们一起享用美味的甜点，是瑞典人非常重视的一个传统。

我爱瑞典！
好吃，好吃……

派尔努

爱沙尼亚

山羊彼得翻过了很多高山，跨过了很多河流，去了很多小城镇和大城市。经过这一番长途跋涉，他实在是太累了。他的腿火辣辣地痛，背也痛，连蹄子都磨破了。他使出最后一点力气，向着爱沙尼亚西南部的海滨城市派尔努走去。"要是能放松一下，好好休息休息，就太好了。"他穿过城门，倒在派尔努的鹅卵石海滩上。

因祸得福

对彼得来说，这里简直不能更好。派尔努风景如画，拥有远近闻名的温泉，吸引着来自四面八方的人们。于是，彼得马上尝试了当地的泥浆浴和传统的爱沙尼亚桑拿浴。木浴室的温度加热到60℃左右，里面有一个装满石头的炉子，彼得不时往石头上浇水，蒸起腾腾的水汽，这正是彼得所需要的。他的身心一下子都复苏了。

派尔努是如何成为温泉名城的

以前，在派尔努的海滩附近有一家旅店，当地的一群商人很喜欢去那里。他们觉得旅店很有潜力，就想到了一个主意：把旅店改造成温泉疗养所。他们也这么做了。1838年，他们改建旅店，开设了热海水浴、泥浆浴和爱沙尼亚桑拿浴浴室。在温泉名城派尔努的历史上，这是一个非常重要的里程碑。

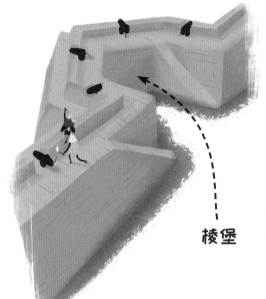

棱堡

派尔努的重要地标

中世纪城镇派尔努的城墙至今屹立不倒。彼得休息够了，就像个真正的小伙子一样爬了上去，欣赏城墙上的棱堡。棱堡是城墙上突出来的部分，放置上大炮后可以对城墙形成非常好的防御。

红塔

红塔

建于15世纪的红塔也是派尔努的一部分。彼得搞不明白的是，这栋建筑明明是白色的，为什么要叫作红塔呢？是因为红塔在历史上曾是一座监狱，会让人想起因犯们所流的鲜血吗？彼得很快就不再想红塔的事，而是把赞赏的目光转向了建于17世纪瑞典统治时期的塔林门。

谢谢你，
詹森先生。

没有什么比真正的海滩更好了

彼得一边欣赏着中世纪的防御工事，一边在桑拿室里让自己的身体暖和起来。克拉拉以她自己的方式在城中享受着。派尔努位于波罗的海沿岸，有几千米长的海岸线。哪个女孩会不对此感到兴奋呢？桑拿浴室对她来说可不是好地方，她在那里会变成烤鸡的。

爱沙尼亚

派尔努是一个有着悠久历史的重要海滨城市和温泉度假胜地，19世纪第一份爱沙尼亚语报纸就是在派尔努出版的。出版这份报纸的人名叫约翰·詹森，他很有影响力，有记者、作家、诗人等多种身份。他还是爱沙尼亚国歌的作词者，曾在派尔努住过一段时间。

奈良

日本

人，到处都是人。在旅途中，彼得和克拉拉总要挤过拥挤的街道、博物馆和商店。山羊彼得再也受不了了。不知怎的，他开始怀念起了家乡农场的宁静氛围。但是，家乡在那么远的地方，他又能怎么办呢？幸好彼得很聪明，知道如何利用他的知识，于是，他们登上了一列开往日本的火车，向着奈良出发了。在那里，他们一定会找到渴望的安宁。

古老的城市

现在的日本首都是东京，而奈良也曾经是日本的首都"平城京"。公元8世纪，元明天皇建造了平城京。这个城市的历史是如此悠久，完全有理由夸耀那些宏伟的寺庙和古老的木建筑。

茶室

依水园

适合冥想的宁静花园

待在奈良的依水园，克拉拉仿佛身处天堂。所谓依水园，就是水边的花园。红色的枫叶、樱花、杜鹃花，远处的若草山和春日山，唤起了母鸡克拉拉对生活的沉思。买最新的时装有意义吗？有那么一会儿，克拉拉觉得这没有任何意义。在一间有着茅草屋顶的茶室里，她一边喝茶，一边继续着她的第一次哲学思考。

大佛

"太雄伟了！"彼得一边走在东大寺，一边高兴地喊道。东大寺建于 8 世纪，供奉着一尊高约 16 米的大佛像。在唐代时，中国高僧鉴真到日本后，最初就住在这里。

2997，2998，2999，3000！

春日大社

近 3000 盏青铜和石头灯笼排列在道路两旁，引导着山羊彼得和母鸡克拉拉来到了春日大社。这座寺庙也是在 8 世纪建造的，是这里最吸引人的地方之一。

我们是在森林里吗

奈良市让我们的两位旅行者想起了家乡农场附近的树林。他们看到许多当地的梅花鹿在城市和中央公园里跑来跑去。它们吃人喂的东西，用温顺的眼睛注视着你。奈良的居民发自内心地爱着梅花鹿，相信它们是神圣的使者。奈良景色秀丽，自然风光没有遭到破坏，相信每个人都清楚鹿是从哪里来的。

再见，奈良

奈良似乎成功地触动了克拉拉的心。山羊彼得得到了充足的休息，就提出带她去东京或大阪购物，她却一口拒绝，还走去向梅花鹿告别。一看就知道她不想离开，毕竟奈良给她带来了精神的慰藉。

我会回来的！
我保证……

内比都

缅甸

有时候人不能不停下来喘口气，山羊彼得也一样。在旅途中，他迫切需要从珍贵的古迹、蜿蜒的中世纪街道和历史印迹中走出来，休息一下。他喜欢新鲜的气息，这是他所渴望的，也是他要寻找的。他不得不大老远跑到缅甸首都内比都，去看看这座新奇的首都。

> 有 20 条车道的马路。我们骄傲！

金色地标

内比都大金塔与仰光大金塔非常相似，但更加豪华气派，内外都有贴金装饰。

现代地标

没错，内比都也有自己的纪念建筑。不过别担心，这些建筑都是在同一时期建造的，也没有不同的建筑风格让彼得伤脑筋。内比都是在一片绿野上从零开始建造起来的，然而，不要期望独创性，城内的纪念建筑大多是缅甸各地历史建筑的复制。

一切都很大

新城市内比都全力以赴追求规模。宽阔公路上的车道多达 20 条，豪华的酒店、富丽堂皇的购物中心、大型高尔夫球场，可谓应有尽有。这些大都位于田野之中。建筑的色彩淡雅柔和，看起来非常甜美。彼得和克拉拉都很喜欢那些淡粉色、蓝色和米黄色的墙壁。

快点！最后期限
快到了！

嘘，我们在建城市呢

2003 年，缅甸人开始建造内比都，工程一直是在相当神秘的情况下进行的。听到政府宣布设立这座新建成的大都市为缅甸的新首都，缅甸人民都大吃了一惊。尽管如此，政府官员来不及考虑，就得开始收拾行装了。他们只有很短的时间从前首都仰光搬到新城市的新办公室。

为什么要搬家

为什么要建造这样一座奇怪的城市，它为什么会成为新首都，其中的原因可能永远都是秘密了。一些人认为，这是出于安全的考虑。

国王的都城

这座新首都的名字直译过来，就是"国王的都城"，这么叫绝对合适，因为这个城市里矗立着缅甸国王的巨型雕像。

辽阔的公路

休闲区

新首都当然也考虑到了居民的娱乐需求。这里建造了一座野生动物园，动物园内还有一个带空调的企鹅馆，企鹅可以在里面舒适地生活。此外，他们还建造了喷泉公园、国家地标公园等。尽管如此，内比都还是有点奇怪，彼得坐在出租车里心想。他们此时就在有 20 条车道的高速公路上疾驰，城市这么大，他们却几乎连个人影都见不到。是的，正是寂静和空旷使内比都成了一个奇怪的城市。

达尔文

澳大利亚

在这趟看起来似乎永远没有尽头的世界城市之旅中，不去看看地球另一端当然是不完整的。这里是澳大利亚，彼得和克拉拉坐着火车横穿这片土地。很多地方给他们留下了深刻的印象，其中一个特别的城市达尔文——以著名的自然科学家和《进化论》作者达尔文的名字命名——尤其让他们难忘。

> 彼得，
> 拍张照吧。

欢迎来到达尔文

澳大利亚北部城市达尔文在成立之前就遭到过破坏。1942年，第二次世界大战中，日本轰炸机几乎把它夷为平地。1959年，这里被设为达尔文市。很快，它就遭遇了第二次破坏。1974年末，威力巨大的特蕾西飓风把达尔文变成了一片废墟。但达尔文得到了恢复重建。经历了种种不幸的事件，达尔文仍是澳大利亚最现代化的城市之一。

海滩就在城市里

如果你喜欢在沙滩上散步，达尔文绝对适合你。长长的海滩，炽热的沙子，漫步其上，感觉妙极了。但如果这对你来说太平静了，你喜欢多一点刺激，那也不要难过。有时，会有一条真正的鳄鱼出现在海滩上。达尔文有很多鳄鱼。

第二次世界大战的痕迹

彼得对士兵和战争很感兴趣，来到达尔文，他很激动。这里的地下隧道尤其有趣，是当时的人们为了保护这里宝贵的石油储备不受日军轰炸，在港口北部的斜坡上挖掘的。战争期间，达尔文经历了多达60余次的轰炸！

咬一口呀，小鱼

"咬一口，小鱼。"克拉拉把一小块面包扔进水里，叫道。许多活泼的小鱼出现了，开始啃她扔下的面包。是的，每走出一步，达尔文都会给你一个惊喜。几十年来，热爱海洋生物的人们聚集在医生谷，亲手喂养海洋中的生物。

欢迎来看日落

我们的两个旅行者坐在达尔文市，等着观赏日落。太阳落山时，这里的天空会布满绚丽的色彩，是达尔文市有名的一景。每一个来这里的人都为粉红色和橙色的天空深深着迷，当地人也对天空的美景百看不厌。人们来到海边，坐在沙滩上，欣赏着色彩斑斓的大自然奇观，拍下美丽的照片。

日落时分的集市

著名的明迪海滩日落市场证明了日落在达尔文的生活中有多么重要。你可以从市场上买到你想要的所有东西：不同菜系的食物，各种各样的新鲜果汁，当地土著制作的手工艺品——还能随着乐队的音乐翩翩起舞。

你们这些坏蛋！
我要抓住你们！

胡姆

克罗地亚

我们这是在哪里？

彼得站在方向盘后面，驾驶摩托艇在水中前行，亚得里亚海的晶莹水珠溅在了他的脸上。克拉拉更希望能乘游艇安静地航行，那就没有随时会被抛入亚得里亚海危险深处的压力了。到达岸边，彼得对克拉拉说："如果你想找个完全没有压力的地方，我们就去胡姆吧。"于是，他带着克拉拉去了世界著名的小城镇胡姆。

微型城镇

芝麻开门。

请进来，善良的人

建于中世纪的城门上方有块告示牌，从很远的地方就能看到。告示牌是给想要进入小镇的人看的：石头是硬的，心是热的。我们的两个旅行者看了看彼此，都怀着一颗温暖的心走进了镇里。胡姆镇位于伊斯特拉半岛，只有约20名居民。即使在过去，居民的人数也并不比现在多多少。

格拉哥里巷

在历史上，最古老的古斯拉夫文字字母就是在胡姆镇创造出来，向整个克罗地亚传播的。这里的方言中仍然能见到原始的格拉哥里语。为了纪念格拉哥里字母，一条从罗克镇到胡姆镇的小路就被命名为格拉哥里巷。

没有更多的房子

　　山羊和小母鸡只用了几分钟就走遍了整个小镇。即使是走得非常慢的人，逛逛几排房子和两条街道也花不了很多时间。他们把一切都看遍了：拥有12世纪独特壁画的罗马式圣杰罗姆教堂，一座城堡的遗迹，一个有一张石桌的美丽广场，两家商店，以及一家酒吧。简而言之，在胡姆镇的千年历史中，没有添过新建筑。一颗中世纪的心脏在这座小小的城镇里跳动，丝毫不受时间流逝的影响。

胡姆镇为什么这么小

　　传说胡姆镇是用剩下的材料建造的。巨人们在米尔纳河谷周围建造了很多城镇，最后剩下的石头不够多，建不了大的城市，只能建一个袖珍小镇。像胡姆镇这样的微型城镇也有很多优点，比如非常安静，没有汽车的噪声和雾霾，也没有日常的喧嚣。这里的宁静氛围是许多城市梦寐以求的。

古老城镇的居民

　　胡姆镇的人仍然遵循着古老的生活习俗，他们会定期坐在广场的石桌旁讨论市内的重大问题。除此之外，胡姆人会制作传统草药饮料比斯卡。这是一种用槲寄生调味的白兰地，据说有药用价值。

石墙

自己保护自己

　　胡姆镇的人不多，当地人必须保护好自己。镇子周围有长约100米的坚固石墙，坚不可摧，这无疑使当地居民感到很安全。

石头用完了。

除了安静，还是安静

　　"胡姆的确很美，但我需要回到人群中。"克拉拉抱怨道。山羊彼得在宁静的胡姆镇也觉得有点无聊了，于是他们没有继续逗留，出发上路了。

会安

越南

水轻轻拍打，船轻轻地摇晃着。山羊彼得舒服地坐在船上，小母鸡克拉拉在他旁边。彼得很享受航行，克拉拉却有点难受——事实上不止一点点。晕船的滋味当然不好受。幸好船正驶向海岸，两位旅行者终于登上了干燥的陆地，他们来到的正是越南的港口城市会安。

多元化的城市

许多过去常来这个城市的水手和商人在这里定居，这就解释了为什么这个城市有中国人和日本人的居住区。基督教的传教士也来到了这里。法国耶稣会士亚历山大·德·罗德在会安住过一段时间，他编写了第一部越南语—葡萄牙语—拉丁语词典，为现在的越南文字的形成奠定了基础。

来过会安，此生无憾

克拉拉和彼得心里就是这么想的。他们惊讶地盯着古城中的房子，注视着华丽的装饰和波浪形的特色瓦屋顶。市中心保持着原来的样子，有800多座历史建筑。据说住在里面的，是5个世纪前在会安定居的水手和商人的后裔。

会安更名

从16世纪开始，印度、阿拉伯、波斯、意大利和葡萄牙的商人就纷纷来到会安。这儿曾经是一个重要的海港。然而，如果你在那时候告诉别人你要去会安，人们肯定听不懂你在说什么。因为在当时，这里是叫作"大占海口"的重要港口。

福建会馆

华人社区是这座城镇中独特的一部分，这里有许多中式古建筑。福建会馆是这里最宏伟的华人会馆之一，会馆的入口有一座双层的牌楼，上层的牌坊上写着"金山寺"，所以也有人把它叫作金山寺。

希望我们不会重到把桥压垮。

福建会馆

从一端到另一端

山羊和母鸡屏住呼吸，穿过独特的日本木廊桥。这座桥上安置了神龛，所以这座桥也被称作寺桥。桥的两端分别是会安的中国区和日本区。这座桥是 16 世纪时日本人建造的，他们希望借此抵御地震。寺桥造型简朴，中间题着"来远桥"，两端都有狗和猴的雕像守卫。

会安的时尚

美丽的会安拥有的不仅仅是悠久的历史，那里还有很多裁缝店。裁缝们双手灵巧，很快就能做出完美的服装。不用说，克拉拉马上充分利用这个机会，在会安做了满满一袋的晚礼服、夏季连衣裙、飘逸的裤子和一件时髦的羊毛外套。

放走河灯，许个愿吧

会安的妇女会制作五颜六色的花灯。天黑以后，天空中、河面上就会充满浪漫的灯光，异常美丽。彼得看着它们，许了个愿，克拉拉也这样做了。灯笼在水面上越漂越远，我们的旅行者又出发了。

马泰拉

意大利

想象一下，你一直在旅行，能看的景色都看过了，必然越来越难感受到惊喜。连头一次离开家乡的母鸡克拉拉都感到有点无聊了。但是，当她站在意大利的马泰拉城前时，你真该看看她那夸张地睁大的眼睛和张大的嘴巴！这座城市是从岩石上开凿出来的！

岩居

意大利南部城市马泰拉较低的部分真的是直接从坚硬的岩石上开凿出来的。这里的人们在舒适的岩居里过着平静的生活。在很长的时间里，他们都是这样生活的。在石灰岩上开凿窑洞居住，最早可以追溯到石器时代。不知道是谁第一个想到这么做的，他们又为什么这么做呢？彼得一边想，一边偷偷朝舒适的岩居里看了一眼。

它们可没那么简单

岩居可不只是普通的石窟，当地人在他们的岩居上花了很多心思。有些岩居是相通的，形成一个复杂曲折的迷宫。一想到可能在马泰拉岩石下的走廊里迷路，多少有点怪异和不安。克拉拉一边担心地盯着自己修剪整齐的脚指甲，一边想：在岩石上开凿出居住的地方，要付出多少汗水和辛劳啊！

信仰很重要

如果你认为人们只是为了在里面生活和睡觉而开凿石窟，那就大错特错了。马泰拉人在费尽辛苦建造一座完整的石头城时，还在岩石上开凿出了100多座教堂和寺院。即使在地下，也要思考天空。值得留意的是，所有这些洞穴圣地里都装饰着美丽的壁画。

岩居

白天……

夜晚

在岩居里怎么生活

岩居里的空间很小，可没有地方跳舞。但人们以前的生活比较简朴，一个小石室足够一大家子人和他们的牲畜居住。总有办法让所有人都住得下。很浪漫，不是吗？只是卫生条件不怎么样。

他们喜欢那里

早在旧石器时代，这里的人就在岩居里生活，这种生活方式一直延续下来。第二次世界大战结束后，意大利政府开始治理马泰拉，将居民迁移出不适合居住的岩洞，开辟新城区。于是马泰拉就有了较高处的新居住区，这部分也更为现代。

当心，别滑倒了

两个旅行者行走在马泰拉城中，四周的景色使他们惊叹不已。彼得拍了一张又一张照片，克拉拉则专心欣赏这个岩石小镇的美景。有时候，她的小脚会打滑。小巷十分陡峭，石头地面又很光滑，很容易滑倒。幸运的是，狭窄的巷子里有台阶，走在上面还算安全，不过山羊彼得还是绊了一下，幸好没有摔坏蹄子。

克拉拉，拉我一把！

劳马
芬兰

木头和石头！

　　1，2……1001……彼得一个接一个地数着，当他数到60000的时候，就再也数不下去了，芬兰竟然有这么多湖泊！除了湖多，芬兰的岛屿也很多。因此，这个人口相对稀少的国家被称为"千湖万岛之国"。芬兰风景迷人，其中的小镇劳马，尤其得到时间的偏爱。

古老的城镇

　　劳马是芬兰最古老的城镇之一，15世纪就建立了，是以一座方济会修道院为中心发展起来的。劳马在波的尼亚湾沿岸，建成后不久就成了一个重要的港口。直到今天，劳马仍然是芬兰出口纸张的主要港口，也是这个拥有千湖万岛的国家里最古老的港口之一。

木头够用吗

　　除了方济会教堂、市政厅和一些私人住宅是用石头建造的，劳马几乎所有房屋都是木头的。木建筑是这里的一大特色。劳马保留着芬兰最大的木建筑群，被联合国教科文组织列入世界文化和自然遗产名录。

木头的缺点

木屋很漂亮，但也有个缺点，那就是容易着火。劳马深受火灾之苦。在16—17世纪，小镇被烧毁了好几次。最后一场毁灭性的大火发生在1682年。从那以后，劳马对防火尤为重视。

不怕冷的劳马女人

"她们像是忘了要从水里出来了。彼得，你看，那些女人真不怕冷。外面都冻死了，她们还游得那么开心。"克拉拉惊讶地说。"别乱说，那是一组雕塑，叫'快乐沐浴'。"彼得纠正她。他有点生气，便走开去欣赏16世纪建成的圣十字教堂宏伟的内部装饰。

木城市

芬兰拥有大片茂密的森林，这里房屋的主要建筑材料一直是木材。劳马是一座活生生的北欧木结构古城，这里的老城区仍然有600多座木制建筑，狭窄弯曲的小巷使人感觉时间在这里仿佛静止了。现在是17世纪，还是21世纪？就连聪明的彼得也困惑了一阵子。

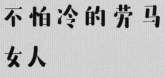

这件非常适合我！

花边

当彼得在思考现在到底是哪个世纪的时候，克拉拉已经用柔软的蕾丝花边把自己裹了起来。为什么不呢？花边是劳马的传统手工艺品之一，劳马制作花边的历史可以追溯到中世纪晚期。很久以前，商人第一次把花边带到了劳马，当地人非常喜欢，就开始自己制作，还出口到世界各地。那时候，几乎到处都有人戴花边帽子。

乘船离开

"我不想走。"山羊登上渡轮时说。戴着花边帽子的克拉拉点头表示同意，不过她还是热切地期待着一场新的冒险。

劳马的花边当然不是博物馆里陈列的过时展品。人们至今仍然穿戴这种花边，劳马人也仍然在开心地制作花边。

潘普洛纳

西班牙

不同的地方有不同的风俗，彼得喃喃地说。有些地方追求时尚；有些地方流行切割钻石；在另一些地方，人们小心翼翼地保护着建筑之间的绿洲。真新奇！克拉拉累坏了，正趴在彼得的背上打盹儿，突然，从附近城市传来一阵可怕的喊叫和口哨声，还能听到一阵阵的欢呼。怎么回事？彼得想了想，急忙向西班牙的潘普洛纳赶去。

愤怒的公牛

在奔牛节上，会有约10头愤怒的公牛，这些牛品种特殊，基本是用来参加斗牛的牛。此外，还会有一些性情较为温和的普通公牛，因为公牛一旦发现自己离开了牛群，就可能变得非常好斗，所以有必要让它们与更平静的动物为伴，借此安抚它们，让它们感到自己是在一小群牛之间。

为什么是红白两色

肾上腺素飙升的狂欢者们穿着红色和白色的服装，向这里的守护神圣费尔明表示敬意。白色象征他的圣洁，红色象征他的殉道。另一种说法，是红色更能刺激公牛。谁知道真相如何呢？即使你穿着舒缓的粉红色或绿色衣服跑在前面，公牛也会生气，因为它们是色盲，还一直都在接受斗牛训练。

圣费尔明

3，2，1，开始！

拼命狂奔

"哎呀！"克拉拉在潘普洛纳的街道上一边叫着，一边飞到了空中，母鸡一般可都飞不了这么高。愤怒的公牛在狭窄的古老街道上横冲直撞。一群人在公牛的前面跑着，他们穿着白色的衣服，脖子上围着红色的围巾，腰上系着红色的腰带。他们拼命地狂奔，躲开那些喷着鼻息的巨大动物，以免被它们的犄角顶中！"快逃！"彼得尖叫着，加入了混乱的人群。

幸运的结局

彼得跑了出来，克拉拉飞着离开。潘普洛纳的庆祝活动还没有结束，但他们安安全全地出了城，没受一点伤，两个旅行者都松了一口气。

奔牛的传统

在为期近10天的节日中，来自不同养牛场的公牛每天都要跑上800多米。它们被带到斗牛场，也要走同样的距离。据说在14世纪，潘普洛纳已经有了斗牛的活动，但直到16世纪才开始出现街头奔牛。

海明威和潘普洛纳

如果没有美国著名作家海明威，潘普洛纳奔牛节在世界上就不会有这么高的知名度。海明威对这一传统非常着迷，还在小说《太阳照常升起》中特意写到了它。

海明威

63

斯拉布城

美国

所有的城市都不一样。有些城市是高度发达的商业中心，另一些为它们独特的历史遗迹而自豪。克拉拉和彼得在旅途中逐渐意识到这一点，并且学会了欣赏。我们知道母鸡克拉拉最喜欢在世界上的时尚之都购物，彼得是历史爱好者。但是，两位冒险家在美国加利福尼亚州遇到的那个小镇确实让他们大吃了一惊。小镇名为斯拉布城，是一个与众不同的地方。

救赎山

救赎山

五彩缤纷的救赎山俯视着斯拉布城。这座半圆形的山是由人工搭建的，表面涂满了五颜六色的涂料，创作者莱昂纳多·奈特似乎把调色板上所有可能的颜色排列都搬到了上面。这座山就像是活的，在不断生长和变化。山顶上有一个十字架，山上装饰着根据《圣经》创作的图画和文字。

在这儿不会无聊

在这个属于流浪者的城镇里，并不会感到无聊。这里建有图书馆。想打高尔夫球了也没问题，他们有自己的球场。任何会做雕塑的人都可以为雕塑园贡献自己的微薄之力。晚上想出去玩，可以去音乐俱乐部和咖啡馆。

> 自然的湖是世界上最好的浴室。

自由的代价

"我真说不好。"克拉拉道,"我不确定我能不能住在这里。"建筑破旧,没有电,也不要指望有干净的饮用水,如果还奢望把水烧开,那就只能去买太阳能电池板。但话又说回来,幸福和自由的感觉难道不比卫生更有价值吗?人们觉得身上脏了,就去当地的池塘里洗个澡。

我们是自由的

"我们是自由的,最自由的。"居住在加利福尼亚州这座荒漠城市里的人们异口同声地说。从某种程度上说,他们是对的。在斯拉布城,没有政府监管,没有司法部门,也不必交税,人们可以按自己喜欢的方式生活。荒谬的是,斯拉布城是在 20 世纪 60 年代一个废弃的军事基地的废墟上发展起来的。

告别自由……

"真的要离开这座自由的城市吗?"彼得犹豫着问道。于是克拉拉让他想象了一下在热水里洗泡泡浴,周围充满了花香,彼得很快就做出了决定。

斯拉布城的居民

有些人来斯拉布城只是为了过冬,人们叫他们"雪鸟"。天气一凉下来,他们就钻进房车,前往加利福尼亚温暖宜人的索诺拉沙漠。房车要是不够宽敞,他们可以在斯拉布城选择一个避难所。斯拉布城的其他居民是永久居民,他们不介意夏天 40℃ 的高温。他们喜欢生活在自由的城市。

> 自由与和平……

乌斯怀亚

阿根廷

　　彼得和克拉拉已经游历了世界上的 31 个城市。母鸡克拉拉开始变得闷闷不乐，心情烦躁。旅行对她来说不再是一种乐趣。"你现在想去哪儿？"一天，山羊彼得问她，以为这样能叫她高兴起来。"我？也许去世界的尽头。"克拉拉厉声说。好吧，那就去世界的尽头吧。山羊这样想着，带克拉拉去了乌斯怀亚城。

乌斯怀亚的历史

　　早在 1 万年前，乌斯怀亚地区就有了第一批居民，但这座城市直到 1870 年才出现。这里生活条件恶劣，使它首先成了罪犯流放地和海军基地，而不是一个新兴的文化大都市。不过现在，乌斯怀亚吸引了许多装备齐全的游客。

印第安人

原住民

　　乌斯怀亚的原始居民是印第安人，他们靠捕鱼和捕猎海豹为生。尽管终年严寒，他们穿的衣服也并不算多。海豹皮和鹿皮鞋足以帮助他们抵御大风吹袭。

雪，冰，水……
还是雪，还是
雪……

麦哲伦

葡萄牙航海家麦哲伦是第一个到达世界尽头乌斯怀亚的欧洲人，据说他在1520年的夏天就到了此处。

不能再往南走了

阿根廷城市乌斯怀亚被认为是"世界尽头的城市"。它是地球这颗蓝色星球上最靠南的城市。站在城市的边缘能看到大海，大海的另一边就是永恒的冰雪世界南极洲。乌斯怀亚是一个重要的海港，顽强的人们从这里出发，前往南极考察。

港口与自然

乌斯怀亚的生活是围绕着繁忙的港口展开的，那里有码头、仓库，还有旧船残骸。在海边的山坡上，有片地方密密麻麻地分布着五颜六色的房屋，房屋之间巷道交错，周围是茂密的森林和高耸的安第斯山脉。山的另一边是马舍尔冰川。

哪一个更靠南

乌斯怀亚被称为世界上最靠南的城市，但智利的威廉斯港和蓬塔阿雷纳斯也是这一称号的有力竞争者。无论如何，已经到了世界的尽头，现在除了返回也没有别的选择了。终于是回去的时候了，克拉拉依偎在山羊身边想。她想家了……非常非常想。

火车来了

这里为迎接游客做了充分的准备。乌斯怀亚有一辆看起来像从童话故事里驶出的小火车，载着游客游览整个城市，火车停靠点都是历史遗迹和自然胜地。克拉拉和彼得当然要坐坐这辆小火车。

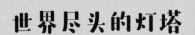

世界尽头的灯塔

这座废弃的灯塔被认为是真正的世界尽头。彼得和克拉拉当然不能错过。这儿很美，拥有原始的自然风光，雪山山顶覆盖着皑皑白雪，但是在我看来，这里有点太荒凉、太空荡了。克拉拉悲伤地想。她看到了一群黑白相间的企鹅，这是世界最南端的独特风景，却也不足以让她高兴起来。

总结

1年零1天，山羊彼得和母鸡克拉拉在世界各地周游。他们发现了各种各样的城镇，寻找最美丽的地方。他们长大了1岁零1天，不仅仅因为时间的流逝，还因为他们所经历的一切，他们变得更聪明、更成熟了。

快乐是因为你们

克拉拉一一拥抱了所有朋友，打开装满礼物的购物袋，把礼物分发给朋友。你无法想象，小动物们收到来自世界各地的礼物是多么高兴。更睿智、更成熟的克拉拉也非常快乐，因为最大的快乐来自给予。

> 朋友们，我真高兴又和你们在一起了！

万岁，回牧场去

就连山羊彼得也不再充满渴望地望着远方，好奇篱笆那边有哪些有趣的东西。跨过心爱的小羊棚的门槛时，他高兴得跳了起来，羊棚已经空了1年零1天了。然后，他和所有朋友去牧场好好地吃了一顿草。他嚼着青草，知道没有哪里的草比这里的更好吃了。城镇里的林荫大道、历史街区、纪念碑、餐馆，这些都很好，但没有一个地方比得上家。

家是世界上最好的地方

孩子们，家是世界上最好的地方。这句话是有道理的。旅途中很多事都提醒着克拉拉这句话的真谛，她突然很想有更多同伴。这一刻，她想再下一些蛋，把小鸡带到这个世界上……

著作权合同登记号　　　桂图登字：20-2019-108号

The Stories of Towns & Cities
© Designed by B4U Publishing, 2019
member of Albatros Media Group
Author: Štěpánka Sekaninová
Illustrator: Jakub Cenkl
www.albatrosmedia.eu
All rights reserved.

图书在版编目（CIP）数据

美的旅程.3/（捷）斯捷潘卡·塞卡尼诺娃著；（捷）雅各布·森格绘；刘勇军译．—南宁：广西科学技术出版社，2020.4

ISBN 978-7-5551-1354-6

Ⅰ.①美… Ⅱ.①斯…②雅…③刘… Ⅲ.①建筑史—世界—儿童读物 Ⅳ.①TU-091

中国版本图书馆CIP数据核字（2020）第041876号

MEI DE LÜCHENG 3
美的旅程 3

［捷］斯捷潘卡·塞卡尼诺娃　著　　　［捷］雅各布·森格　绘　　　刘勇军　译

策划编辑：蒋　伟　王滟明　付迎亚	责任编辑：蒋　伟
版权编辑：尹维娜	责任审读：张桂宜
内文排版：孙晓波	责任校对：张思雯
责任印制：高定军	版式设计：于　是
营销编辑：芦　岩　曹红宝	封面设计：嫁衣工舍

出版人：卢培钊

社　　址：广西南宁市东葛路66号
电　　话：010-58263266-804（北京）
传　　真：0771-5878485（南宁）
网　　址：http://www.ygxm.cn
经　　销：全国各地新华书店
印　　刷：北京华联印刷有限公司
地　　址：北京市经济技术开发区东环北路3号

出版发行：广西科学技术出版社
邮政编码：530023
0771-5845660（南宁）

在线阅读：http://www.ygxm.cn

邮政编码：100176

开　　本：880mm×1230mm　1/16
字　　数：30千字
版　　次：2020年4月第1版
书　　号：ISBN 978-7-5551-1354-6
定　　价：64.00元

印　　张：4.25

印　　次：2020年4月第1次印刷

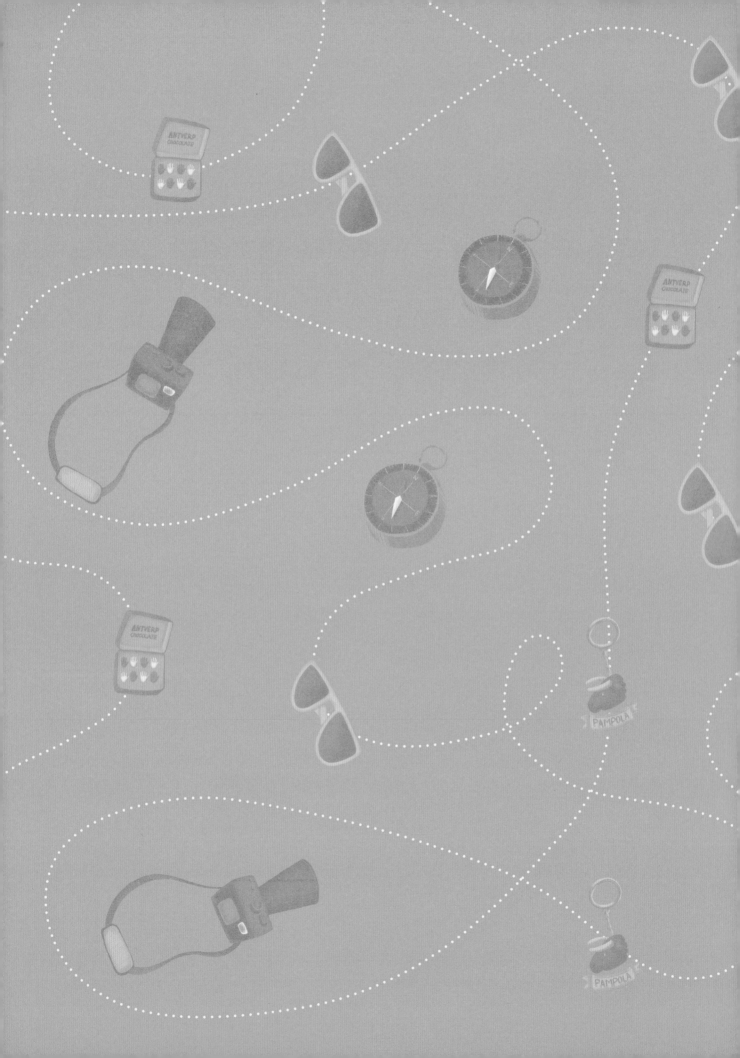